This book belongs to

POCKET SUDOKU PUZZLE BOOK FOR ADULTS

7	9			1		3		8
	4	8		3	6		9	1
1	3		8		9			7
	1		3	9			8	5
9	5		1			7	3	6
		3			2	9		
		7		5				
4		9	6			1	5	3
	8			4	3	6	7	

How To Play Sudoku – Basic Rules

1. **Grid Layout:** Sudoku is played on a grid of 9x9 spaces. This grid is further divided into nine smaller grids of 3x3 spaces, known as regions or blocks.
2. **Number Placement:** The objective is to fill the grid so that each column, each row, and each of the nine 3x3 grids contain all of the digits from 1 to 9.

How to Play

1. **Starting Numbers:** Some numbers will already be filled in. These are your clues. You cannot change them.
2. **No Repetition:** No number from 1 to 9 may repeat in any row, column, or 3x3 grid.
3. **Logical Deduction:** Use logic and the process of elimination to figure out where the remaining numbers should go.

Tips and Strategies

- **Single Possibility:** If a number can only fit in one space in a row, column, or block, it must go there.
- **Number Elimination:** Determine where a number can't go in a row, column, or block, and use this to narrow down where it must go.
- **Cross-Referencing:** Look at rows, columns, and blocks to see how the placement of a number in one can affect the other.

Example

Imagine a 3x3 block where the numbers 1, 2, 3, and 4 are already filled in. You need to place the numbers 5, 6, 7, 8, and 9. If in the row immediately above this block, there is already a 5 and 6, those numbers cannot appear in this row of the block. The same process applies to columns and the other blocks.

Advanced Techniques

- **Pairs and Triples:** Sometimes, a pair or a trio of numbers can only go in two or three places in a row, column, or block. This can help you deduce where other numbers go.
- **X-Wing Strategy:** This involves looking for rows or columns where a certain number appears only in two places.

Practice

The best way to get better at Sudoku is to practice. Start with easier puzzles and gradually work your way up to harder ones as you become more familiar with the strategies.

Remember, Sudoku requires patience and logical thinking. Take your time and enjoy the process of solving the puzzle!

Puzzle 1 Easy

	6		9		5	3		
	7		6	3				
8		3				6		9
							2	1
2	1		3		7			
7	4		1	2	6		9	
5		8	2	6			3	
4	2	7	8		3			6
6		1		7		9		

Puzzle 2 Easy

	4			2	1			
	8	2		5			7	
7								9
		3	1		9		6	7
6				7	4	2	3	
			6			4	9	8
2		5			8	7	1	6
8	6					3		5
			6		5	9		2

Puzzle 3 Easy

	8	2				9	3	
7	4	9	3			6		2
6	3						4	5
4	9				1			6
		5	7		4			3
	7		6		3	2		4
9	5							7
		6	2					9
3	2				9			8

Puzzle 4 Easy

5	3			7	8		1	
2		4				7	5	
9	7	8		1	4		6	2
	4	5	1		3			6
3			7				8	
		1	6			5	3	
		2	3			8		1
				9				5
		7					9	3

Puzzle 5 Easy

		5		3				8
	9	3	8	2	1			4
	8	1						
3	2	8	9	6		4		5
		5	3	4		6		9
			1				7	3
2			7		4		8	
			2			5	4	
8		9		1	5			7

Puzzle 6 Easy

	2			3	4		5	
5	4	6		9		7	2	3
8			2	5	7			
2	5		7	4				
1				8	5	2	7	4
	7		3	2			8	6
7					3			
3		2				4		
			5	1	2	9		

Puzzle 7 Easy

		5		4	2			3
9	7			8		4		
		4		6				8
		6	3	5	8		2	
				2		6	8	
			9	1	6		4	7
	5	7	8		4			
	2			3			5	9
6	1	9	2		5			4

Puzzle 8 Easy

		8	2					3
3		6	8	1	9	4		
	9				5	6	8	1
			2	1		4		
	6		3	7				
2	1	9						6
6			5	8	4			
	8	1	7		3	2		5
	7			6	2			

Puzzle 9 Easy

2	3	8	5	6		7	9	1
9	7		8	3				
6			9				2	
8		3					7	
						9	4	8
	1		7	9	8		5	
						6		
1		5	6	8		2		
				1	9		8	5

Puzzle 10 Easy

5	2			9				
9			3					
6	3		5		2	7		1
	4		2		9			6
			4				8	
	6	3	1			9		
3				2	4	1	7	
2	1	6	9	3				8
			8	1	5		6	

Puzzle 11 Easy

		9		3		7		
		9			5			
	3			8	1		2	
	7		8			3		
3	1				6		5	4
	6		3	5			1	
8		7	1			5		3
4		1	6		2	9	8	7
			5	7		2	4	

Puzzle 12 Easy

1	7		3	2	5	4	6	
2	4	3						7
6		5	7				3	
	2		5	8			4	3
	3	4				7	8	6
	8			4				
	1		8				2	
8		9			1			
		2		7			9	

Puzzle 13 Easy

3	2	6	8	1				4
	9			2		1		8
1	5		9	3				7
	6	1	4					
2		7		9		4	5	3
		3		7				1
	3		1			9		5
7							1	
8	1				9	3	4	

Puzzle 14 Easy

	7		2		4	9	3	
3	2			6				
1			7		3			
2		5	4			6		
		7					4	
4			1	8		2		7
6	3	2	5	4			7	
7			3			8	6	
8				7	6	3		4

Puzzle 15 Easy

9		8	4	3				2
2	3						9	5
	1	5	9	6	2	3	8	
	8			9				
	2	9			8			
1		3		2		8		9
	7	6			9			
3			8			1	5	
8			2	7			4	6

Puzzle 16 Easy

4	1		5		7	2		
	6	2	8	3			9	4
8	7					1		
3			6		5	8		
			1					
	2			7	3			
2	8	5	3	1	9			7
1			7	6	2		5	
7			4	5		3		

Puzzle 17 Easy

	6	1		8		4		
			3	1		9		
			5	4		8		2
	2		9		4		8	
9	8			2			4	1
	7		8	5	1	6	2	9
			4		2	1		8
		8				3		
4		9		7	8	2	5	

Puzzle 18 Easy

	4		6	7				5
	3			8	4		7	
		1					3	8
4	1	9	7		8		5	6
6		5					9	2
3				6	9			
	5						6	1
1			8			2		
2	9		3	1		5	8	

Puzzle 19 Easy

	7			8		4	3	
							6	5
4	5	6	9	3	2	7		1
					9		2	6
	9		3	6		8	5	
6				7		3	9	4
3		8	1					
	1			5		6	4	
		7		9				3

Puzzle 20 Easy

		7			1			5
5		1				2		8
	2				3			
6		4		7	2	5		
				1	8	7	2	4
	7	8	5	4	9	1	6	3
	4	6		8			5	2
9				3	5			7
	5						9	

Puzzle 21 Easy

		6	3					
5	7				8			6
8		9	4		6	5		
				6	2			9
9	8	7	1	3			5	
	6			8			3	
	3		6		7		8	5
6	4			5			1	
	9		8	2	1		6	4

Puzzle 22 Easy

			2	6	7			
	1	6	5					
8			3			7	5	6
		4	9				7	
1	6	9	7	8	5	4	3	
5		7				1	6	
			6	3		8		7
					4			
	3	8			9	6	4	

Puzzle 23 Easy

1		6			5		3	
2		8	4	1	3			
4	9	3			8			
	2	1			6		4	
				7		6	1	
	8	7		3	4		5	9
		5		4			8	
8	6		5		9	3	7	
9	1							

Puzzle 24 Easy

			7	4		8		1
	1				2	6	9	3
							7	5
	3	4			1	2	8	9
			8	2	4			7
8	7		9	3			6	4
6			2		7		5	8
	5				6	9		
		9			8			

Puzzle 25 Easy

		5	8	4		6		
	5			7				
4	9	3				2	5	
		2	9		4		8	
	8	7	4		5		6	
7	5	4	1	6	8		9	
5	6			7		3		2
		3				6	8	1
		2						7

Puzzle 26 Easy

		6						2
9	6		8		4		5	1
2	8	1	5		9	4		
3								6
						9	4	
	4	9	2	8	5		1	
4	5				8			9
	3	7	9	4				8
8	9	6				1	7	

Puzzle 27 Easy

6	1		9					
3		7					5	9
	9		3		7	1		4
	5					4	9	3
			5	6		2		
	7			2	3			
	6	4	8			3	2	
		5	2			6		
	2	3			6	9	4	8

Puzzle 28 Easy

		3					7	
8	1		2			3	6	9
	6			5	3	8	4	
1	5	7	6		2	9	8	
	9				7	1		
4	3		8	1	9			
			7		5			
3				8		7		
		4		2	1		9	

Puzzle 29 Easy

4	5							
		1	2	7	5			9
9	7			8				1
1			8		9	6		7
				4				8
				6	2	5		4
6	2				8	1	7	
5	9		7	2				
8		7	6		4	9		2

Puzzle 30 Easy

3		5				9	7	
	9	2			5	3	4	1
			3		9	2	6	
		3		4	8		2	7
	7		1		6	4		3
				3		5	8	6
8				2	1			
		4				6		
5	2			9				4

Puzzle 31 Easy

	8			2	9		1	5
5			4	7	6			9
		9	6					
8					4	3		
2	4		7					
7	9		8	2			6	4
	7	2	4					6
3	5		9					
	6	4	2	7	3	8	5	

Puzzle 32 Easy

		7	5			2		
						4		
	3	5		2	6	1		
7	9			6	5		1	
1		6		7		3	9	
5	4		9		1	6		2
6				5	8		2	
				9	3			1
	1		7	4	2	5		

Puzzle 33 Easy

	7				4			3
8	4		5		1	9	6	7
					6			8
		8		1			9	
		7	2				3	4
2	6		4				7	1
					9	7	1	
7		4				3		
	8		6	3	7	4		9

Puzzle 34 Easy

	3			5	1	2		6
	2	6	3					
1	5	7				4	3	
	8			7		1	9	
7			8	9	3			
2	9				5			
						6	4	
	6	2	1		8	9		7
	7	4	9	6				3

Puzzle 35 Easy

9	2			1		6	3	4
1		8			9			
4		5			3		1	
3	5	9	7	8	2		4	
	4	6	3	5			7	
	1			6	4	5		
	9							5
	8	3		2		7		
		4					6	

Puzzle 36 Easy

3			2			1		
	1		9					
		2	8	7			3	9
6			7			2	1	4
			8	5	9			6
							8	3
			5	9	7			8
8		9		1	4		2	5
4	5		6			7	9	1

Puzzle 37 Easy

8		9	7	1		3	5	4
		5					9	1
		3	9			7		
	3						6	2
	5	8	6			4		
		7		3	5	9		
3		2	1			8	7	
	8			7	3		4	
	9		5	8		1		3

Puzzle 38 Easy

			7	4			9	
	4	9	8	3	6	2		
	6	7			1			4
4		1	2			3	7	8
8	3		4	1	7	5	2	
		2	3	5			1	
					3		4	
			1	2				5
9				7				

Puzzle 39 Easy

		1	5			4	8	
		4			8	1	5	9
			9	1				
	8						9	
7		9	6			2		
6	2	5	1				3	
3	7	6	8	5			2	
		2	3	1				8
		8		6	2		7	3

Puzzle 40 Easy

					3		7	4
1	5	7	4	6	8	3		2
	3				7			6
	9				5			
	8	4				6		3
				4		9	5	
6	4	9	7		2			1
		5	8			4		9
			1	9		7	6	5

Puzzle 41 Easy

			4		8		
	9				6	7	2	
			5				3	
	1		2	3	5	9		8
8							7	1
2			1				4	3
3	5				4	1		
9	7	6	3			4	8	2
	4	2	6			3	5	

Puzzle 42 Easy

			7		4	6		1
7		9	1			3		
	6	1	8	3		5		
		2		6		7	5	3
	8	7	2			9		
3						4		8
			4			8		7
8								5
6	7			8	2	1	4	

Puzzle 43 Easy

	7							
	1		5		6		3	
		3		7			8	5
	5		8		4			3
3	4	2	7	9				8
						1	9	
5		4	9	1	8	3		6
7		8	6	2			1	
			4		7	8		

Puzzle 44 Easy

		9	8	5	6			
				3				8
8		1	4			5	7	
6	5		1		7			
9	8		3		5		6	
		7	2	6	9	3	8	5
2	9	6						4
3								1
1	4				3	8	9	

Puzzle 45 Easy

	7		6	8		9		4
				2		5		
	8		4		5		2	
1		8	5	6	4	2		9
					9		5	3
	5	9			8			
		4		5	2	6		
5	9		8		3	1		2
8	2			4				

Puzzle 46 Easy

3	9	6	2				8	
8			5				1	
1	7							2
9		3		8		4	7	5
2				5		8		
7			3		6	9		
5	8	9	6					7
6	1		8	2				9
			9					8

Puzzle 47 Easy

	1		3	4	2			5
5	9			7	6		4	8
4					5		6	
2			7		1		8	
1		8		6				
		9		3	8		1	
		5		1	7	9		
			5	8		4		3
	4			2	3		5	

Puzzle 48 Easy

1					9	2		3
	9		2	4	1	7	8	
7						9		6
2	4			3			9	
8	6	5			2	1	3	7
	3	1			5		2	4
				4				2
			3				7	
	8			5			6	1

Puzzle 49 Easy

7			1	8	6			
		1		5	9			2
			7				8	6
		8			5		6	
6	5	9	8	7				3
4	2	3		6	1			7
3			5	1				
		6	2		7	9	3	1
	1				3			

Puzzle 50 Easy

	2		3	8			7	6
6				1	7			5
		4			9			8
8	4	1	6			7		9
			1		3	5		4
	3	5					6	1
	1	8		3	6		5	2
3					1			7
7						6	1	3

Puzzle 51 Medium

3				7			4	
						9		
	8	4	2	6		5		7
	5			3		1		
6								
2			4	8	7	6		
9	2						7	1
	7						2	3
	4		2				5	9

Puzzle 52 Medium

4		1						
2		6	1		4	9		
		5	2					
3			4		5	6		
6	2		9					
								8
9	6	4	5	2		8		
			8	9				6
		2		4	3		9	7

Puzzle 53 Medium

6		1	5			3		
						1		2
	5				7			
			7	9	6			
	4		8	1		5		9
		8	4					7
	6							
	1	3	2	5	4			6
				7	1		4	3

Puzzle 54 Medium

8	2					9		
		7	6	8				
3		4	9	5		6		
		8		9				
2		9			5			7
		3		1			2	9
	3	1		6				
					8			3
4			7				1	6

Puzzle 55 Medium

			5				1
5		1	4	8	7		
		1		9	5		
1		3	2				
6	5	7	9				2
	2			7			
	1	4			2		
	5				3	7	
4		7			1		9

Puzzle 56 Medium

	7		8			9	
				7		4	1
	6	4			8		
3	5		7		1		
1	8			6	3		2
9							
7		3		1	9	2	
	2	7			6		5

Puzzle 57 Medium

3		2				7		
	8					1	2	9
2		6		1	5	4		
				2				
	3	1		9			7	
	2	4					9	3
			1			8	4	
6				7	4	9		
	4	2	8	6				

Puzzle 58 Medium

				4				
	6		2	7	3		5	
9		7		5	8	3		
	3	6				9		4
		4		1		2		
1	5	2				7	8	
5				4			7	
6		1			2			
	4	9						

Puzzle 59 Medium

6	3	8						2
	7							4
5				8	6			
	6		4		9		2	3
1				2				6
	2		3			7	1	
4			9				6	
3			6	4		9		
	1		7	3			4	

Puzzle 60 Medium

1	6							
7						2		
8	2				5	1		6
2			9	5			6	3
			8			4	5	
6	5	8			4	7	2	
			4					
	8	2				5		
	3				8	6		7

Puzzle 61 Medium

		5		2				
7	4					8		
2	6		8				3	
1		4				5		
5	2		1	6	4		7	
6				7			2	
9			7		1	6		4
	8			5			1	7
	1		6					3

Puzzle 62 Medium

		3	2			1		
2				9				7
	4	9			1			
4			1				6	8
6	5				7		4	2
						3		
7	8			1				5
3		5			4		1	6

Puzzle 63 Medium

			5	9	8		2	1
1			2	6	4	7		
	3	1	7	5			9	8
5			9	3		1		6
7	8					9		3
	6	7				2	5	1
8								2
	1	3					6	8

Puzzle 64 Medium

	4						6	
1		3		5				7
			1		4		3	
6	3		9	2		1		5
2		8		1	5		9	
		9			3		2	
4				6			8	
7		6						
			7		2			4

Puzzle 65 Medium

3	6	1						
			3		1			
		9		5				6
5	3		1			6		8
				6			2	3
			9					
			7			5		4
	9	3		4	5			
	1						8	

Puzzle 66 Medium

			3		4			
	4					6	8	5
9		1						
	8	5						
2		4				9		
7	3		6	8		1	4	
8			5	1				4
	9		4					1
4		2			9		7	

Puzzle 67 Medium

			3		4	6	1	7
6			7					9
		1	5	9	6		8	2
							9	5
9					3	1		
		7				2		6
1		4	8			5		3
		9		3				
3	7	8	6		1		2	

Puzzle 68 Medium

6		9		5			8	
		3			2			
			3	7	6			
2	4		3	9			6	
				2	5	9	4	
8		2			9	7		
	3					5		6
		6	7				1	

Puzzle 69 Medium

	5		6			9	8
6				3	1			2
	7		8				3	6
		1		5	9	2		
		1			7			
	7							1
2			6	5			8	
7		8			9	6		
3				1	8	2		

Puzzle 70 Medium

		7	3			9		
5			9	1	4			
				6				
1			2			7	8	
9			4	8	6		2	1
		8	7	5				6
3	6	5					4	
		4						
7		9			2	6		

Puzzle 71 Medium

1			6		8	3		
7			2	3				1
9		3		4				8
8				7			1	2
		6	8			4	3	
		9	3			7	8	
	9						2	
		2						9
				6	2	1		4

Puzzle 72 Medium

		7	2	8		9	3	5
9							7	
3	5						1	
		9		3	8	5		1
	8	6	1					7
	3	1	9	2		6		
			5				6	
		5	3			1		4
		4		9		2		

Puzzle 73 Medium

6				7				1
	1	9	4					
			2					
		2	6	1			9	
	6	5	9	4	7	3		2
				2	3	4	5	
				3	2			
7				6		9		
2	4					6		7

Puzzle 74 Medium

4	1	8					7	
6				8	1			5
2			7		6	3		1
8			1	7	2	5		6
	6		4	9				
	4	2						
3			2	1			6	4
					9			
9			3		4	2		

Puzzle 75 Medium

			5		1		3	4
	6	5	8			9		
		7			4			
		2				5	7	
7	8		4	5				
	1		7		8	3	4	
9								3
			9	8	7		6	
			3	5	1			7

Puzzle 76 Medium

2	3					8		7
		7	9				6	4
			8	3				
6			2	1		7		5
5				8	9			1
		4					8	
3		5		4			1	9
		6	1					
7					6		4	

Puzzle 77 Medium

1	3		9		8		7	4
						9	8	3
9			4			2		
5	4	1				3		9
3		9	2		5			8
					3			5
						8		
8			5					7
				7		6	5	

Puzzle 78 Medium

		4					9	3
8	9	7	5					
2				8		5		
	3		2		8	1		
7			9	4	1			
	5	9		3			2	
	7		8	2		9		4
					5			
		5			4	7	8	6

Puzzle 79 Medium

8	2						5	
			5			8	2	
		5		2	7			4
	9		6					
4			3			1		
2				4		3	7	
7			4	5	3	6		
				8				7
5	6	8			9		3	

Puzzle 80 Medium

1		8					4	6
	6					9		
5		4		9			3	8
8		1	3		5	6		7
	5	6		7		1		
7	3			8	1	4		
			7	6	3	8		9
9	8		2	5	4			

Puzzle 81 Medium

2	6		3					
			4	5	2			
5						2	8	
		3		4	6	1		7
		6	9			5		
		7	8	1				6
				7	5		1	2
6	8			3				
				8				

Puzzle 82 Medium

		2						
8	4	3			5		2	
5		7		1		4		
7			2	4	6		1	9
9			1			5	6	
		6	5		3			4
	7				4			
		5	8		1	7		
3		1	7	2	9			

44

Puzzle 83 Medium

			5	2				7
6		1	7	4		2		
	2	7		3		4		6
4	7						9	
	8					1		2
					3			4
	3		1			5	7	
		5		8		6	4	
		6	4		5			

Puzzle 84 Medium

	3	6	7				4	8
8		7	2			6		
2								
6	5	3	1			9		4
	2	8		4				
				8	6			
			8	3	1		5	
4		5	6			7		3
3	1		4					9

Puzzle 85 Medium

3							5	7
	6				4		1	8
1			2					9
5		8	1					6
	2	9		8				
		1	6		3		8	
				4	9	6		5
		6		1	2		9	
	9		3	5			2	

Puzzle 86 Medium

4	8	6			9			
			5				7	
	5		1		6	9	2	
1		8						
	6				5			
	9			6				7
								2
9		4	2		1		8	
			6			5		4

Puzzle 87 Medium

4	6			9		3		2
5	3				2	9		
	9	2	6	5				4
2							3	8
8		5		2				6
		3		7	9			
		7	9	6				3
							6	
			8	7	5			

Puzzle 88 Medium

6	2		8	4	7	9		
3						5	7	
1			5		2	4		
4		3				8		
8	9	6	3			2		1
						4		
			4	6			2	9
9							3	
2	3		9	1				4

Puzzle 89 Medium

		4		5	6			2
6	7		2		1			
		2	4		3	7		
					9	2		4
		9	5	7		3		
7				3		9	6	
9		3	1					7
8		6					5	
2				4			3	

Puzzle 90 Medium

	9				5	3		
		8					4	5
				8		9		1
	5		3		9			
						5		
3			7				1	4
4		1				2	3	8
		5	2		8		6	9

Puzzle 91 Medium

5		2		1	8	3		
							4	
7	6	1		4				
				8			6	9
1		7		6	3	5		
8					2			7
					4	9		
3				7				4
		4					5	

Puzzle 92 Medium

		4		7			9	
9		7				8	5	
	8			2				
				5	7		1	8
3				8				
		5			1	7		3
	9							
6				9	2		4	
	1	3			5			9

49

Puzzle 93 Medium

9		8					7	
	4			2		1		
		5		9	4			
	2	3	7		4			
7	8							
		9			5	1		
	3	5		9				
4		7					2	9
1	9	2	4	3		5		

Puzzle 94 Medium

4								
7			8			3	4	
6				3			9	
2	6	4			5			7
		8	7	6				4
					9			6
	4	9		2			1	
	3			1			8	
	2							9

Puzzle 95 Medium

3			9				5	6
				5			4	
5	6			1			7	
				2		7	1	
7			4					
2	1				3			8
		2		9	5		8	7
		5				6		4
				4	2		3	

Puzzle 96 Medium

	7	8				4	3	
		1					6	
	9					8		5
	2			4	5			6
4			3				5	
	5	3						7
	3	6			1			
			4		6		8	3
2				3		6		

Puzzle 97 Medium

	2	3			1	7		
				8	4			2
1			2	7		4		
		7	6	4			2	
8								9
	9	1		3	5		7	
7						8		
	8							7
	1					2	6	

Puzzle 98 Medium

			7					3
					4		8	
2	9				5	4		
	7				3	8		
	5	2				3	1	
4	6	3	8			2		
5		7	3	4				
9		6		5		7		
		4		8	7	5		

Puzzle 99 Medium

			5	8		3		
						1	9	2
	3	2	7				5	
2		4						1
6	1	9	2					5
		8	6	9		4	2	
	9	3					8	
	4			2		5		
1				6	3		4	

Puzzle 100 Medium

6				4				
	5				3	2		9
	8	7	9					4
		8	3				1	
7			5					
		5	7		4	6		8
4			1		9			
	7				6	9	3	
8				5	7			6

Puzzle 101 Hard

1				3	6		8	
	3				8			
2							1	
		5	9			2		
3			4				5	
			6					
	4				9			3
	9		8	6				7
	6			2		9	4	

Puzzle 102 Hard

		1		7	3			4
	2	7		6				
8						6	7	
							4	3
	1	8		9				
	5					9	1	
		2		3	7			
5					6	4	2	
6	4							

Puzzle 103 Hard

	5				7	6		
	8	7	4			3		
3			9			1	6	8
8			3					4
6			5	8		3		
	2				1		8	5
	4				2			
5						2	1	

Puzzle 104 Hard

		3	5	8				4
		8	1			2	5	
		7		9	6			1
7	4			6	5		1	
6			8		9		2	
		4					7	
3				1		8		
	8		9		3			2

Puzzle 105 Hard

		1				3		
8	6		3				9	
3			7					8
		4		1		8		
	1	8					7	
7							4	
			1	8	9		5	
	9	5			4			7
		3			5			4

Puzzle 106 Hard

1		3			7		6	
7		5	4				2	
		4			7			
		8		1		6		7
	3	1				9	8	
		6		9	3			
5		6		9	3			
					1	8	3	6

Puzzle 107 Hard

	7	6		5	4			3
	1	5			9			7
			6					4
			4	8		9		
	8		2					6
3							1	
6		7						
5		2		4	8			1
						7		

Puzzle 108 Hard

		2			8			1
	7			9	4	5		
		5	1	3				
9				6		7	8	
								5
				4			2	
	4			7				3
	6		5					
	8						7	

Puzzle 109 Hard

6		3	8					9
			9					2
8	9						3	
4	8	6			7		1	
1			6	3			4	
		2	1				6	
	4		5					3
	1		2			5		6

Puzzle 110 Hard

		3	9			7	6	
	6		5			4		
8			7	1	5			9
		9	3					7
4	7				9			5
	1		4			7	2	
	2					3		
				2	1			4

Puzzle 111 Hard

		5	8					7
6			3			8	5	
3	1		5					4
	8			7		9		
	5				9		6	
	3							
7		3		2		1		
				6		2		
		1	7					

Puzzle 112 Hard

2					4			
		4	7					
6	1	8		9	5		3	
					3			6
	3	9	8	1				
8			5					
	9						1	
				5		4	8	
3		5						2

Puzzle 113 Hard

3						6		
		6	3	9	2			
	2					9	8	
2				8		7	4	
	1			4	3	8		
4			1		7		3	
5				1	6			
		9	7			1	5	
	3		5					

Puzzle 114 Hard

3		6				4	5	
9	5		1			6		
1				4				
						2	9	
					3		6	
	2	3			4			
			8				3	
	4	7	3	5	9		1	
			2	6	9			

Puzzle 115 Hard

			1	8				9
		6						
5				2				3
	3		6			4		
	6		5			3		2
		4				9	5	
	2		8		3			
					5	8	4	
8								7

Puzzle 116 Hard

			8					
7				6	1			
			9			5	1	8
6	5			9			8	
	4					1		5
	2	9	7					
5					2	7		
2				4				
	7			8				

Puzzle 117 Hard

		8		9	1			
		7	2					
								1
				4		8		
			8		3	5		
		6	1					2
	4		3	2				
7	3				5			
					8	4		9

Puzzle 118 Hard

		7			2		6	
	1					9		
8	4							1
				9			8	7
4			3	8				
9		5				1		
		6						
					3		7	
					1	6		5

Puzzle 119 Hard

8	6				5	7	4	1
7		1						8
	5							
			1	2		3		
	4		7		3			
5			9				1	6
			4	9				
	9							4
					1		5	

Puzzle 120 Hard

	8				4			
				3			4	2
	2	7				8	3	6
8			4	2	3	7	6	
			8	7				
1		3			5			
			9	4				
		1	5		7	3		
5						6		

Puzzle 121 Hard

	9		1			6		2
					2	8	7	
							3	
	1				6	3	8	
						7		
2				5	3	1		
	1	7		9				
3			5	4		2		
	9		3					

Puzzle 122 Hard

		4	5					6
	6	7	9				3	
7				3			9	
5					9	4		7
9			1	7	5	8		
		2		4	7			1
		3						2
4			2		1			

Puzzle 123 Hard

	8	7				4	9	
			7					
			1	4	6			
7		9				2	5	3
	3	1		4	5		7	
	5	6			9			
5							3	
		2	4		8			
				5				2

Puzzle 124 Hard

						3	8	9
				4			7	
	6	2					4	
	7					6		3
		8	6		3		9	
2				7				
	2	7			6			
4			7	3		9		2
		5	4			8		

Puzzle 125 Hard

			3	7				2
	9		1					
	6	2					8	7
6		7	5	8		3		
8			6				2	
	4					8		3
	3						1	
	8		1	9		7		

Puzzle 126 Hard

		7	8		1			
	8	2						
		7			3			
	5	4			9		8	
		1						4
7		8		3			6	
		9					2	
		6		4				7
5						1		

Puzzle 127 Hard

4		2			5		1	
		3		9	8			7
					7		5	3
		8	5				7	
9	2		8		6			
	1			7		2		8
					2		8	5
2								6
			1	5		3		

Puzzle 128 Hard

		9	7					8
4				1				2
	5							
7								6
		1	7		2			
				4	3	7		
		5	4				2	1
		2	5				3	
	3				4	8		

Puzzle 129 Hard

			4				3	
7			8	2				6
		3						
		9	2	7				8
						6	4	
4						2	9	
		1						
	9	5	6	7		4		
8					5	7		9

Puzzle 130 Hard

			9	5		3		
				8	5			
		3		1				2
1	6		7					
9	4						1	7
		7					2	4
4								8
		6	4	3		2		
			9			3		

Puzzle 131 Hard

	7							
4					8		7	
			6		1		9	
			1			2		
		7				3	4	9
8					4			
1	8			4		9		
	3	4	2				8	
		2	3			1	5	

Puzzle 132 Hard

8		9		1	3	6		
	3		5					
6	7		8		9	5		
						4		8
	2			3	6			
1	6							
						8	3	1
3			1					
7							9	

Puzzle 133 Hard

	9						8	3
		5		4	9			
		1		3			7	
2	1						6	4
		8		3	7			
				5				
			3	4				6
1				6	2			
	3	6	8			5	1	

Puzzle 134 Hard

5	8		7	3				1
	4		1				9	
				6	5	7		
8	3	4						
	7		1					
		1				6	5	
3	6					7		
		8	6		3		4	
				7				5

Puzzle 135 Hard

		1	4	8		9		
		4	3				2	8
	2			9		4		3
		5				2		7
6			5	2			8	
	3						5	
7						6	3	1
	1		9	6				
		3		7				

Puzzle 136 Hard

3		7		6				9
4			9		8			
					4	8	6	5
2						7		8
	7					5		
			3				1	2
	2	5						
			5		2		3	
8		4		9				6

Puzzle 137 Hard

			8	5				
			2			9	7	
3			1			2	6	
		1				8		
9					1			
	5	4			6			
	9							
	8			4				3
2	3							1

Puzzle 138 Hard

			2			7	4	
	6	3	1					5
		9			7			
3		6	8		4			7
		6						
4			1	2	3	9		
5					4			
	1	2		3			5	8

Puzzle 139 Hard

	8		3	6				9
	9							2
			8			3		
3			1			4		
	4	1	2			6		
7			6		8	1		
	5				4			3
		2			1	5		
					6			

Puzzle 140 Hard

2		5			1	4	6	
					6			
7	6			8	9			
	1							
			1			5	7	
9		8		7			3	
	7		5			1		
	5	9						4
8		1			4			

Puzzle 141 Hard

		2	8			4		
	7				9		2	1
	3				2		7	
9			7					
	5					8	3	
				9	8			4
	8	7						
		1	4	8	6			
		9	1	7				2

Puzzle 142 Hard

6			4			3		
		3	5					8
7				6			5	
		4			5		6	
	9	8				7		
						9		3
	2							
8	7							
			3	2			1	

Puzzle 143 Hard

	3			2				
			8			9		
		2			7	5		
5	8		9		2			3
				1				
	1		6			8	2	
			7	5		1		8
7						2	6	
			2	4			9	

Puzzle 144 Hard

4		7	8		6			3
								8
9	8					2		1
			9		7		3	
1		2	5			9		
	3							
2		3						6
	7	1		6				
	9				3		7	

Puzzle 145 Hard

		9	2			8	
	2					7		5
					6			1
	9						3	
5	1			6	9			
2			5					
		7	8					
	6	2	3	5	1			9
4				7				

Puzzle 146 Hard

5			1					
	6			3			4	8
		7		8		2		1
3		1	4					
					5		2	
7				9				
8		5						4
						8		9
4					6			

Puzzle 147 Hard

			1	9	6			
		5						7
1				2	5	9	3	
	7						5	6
3		9			4		8	2
8		6						
					2			
	3			7		8	9	
5			8		9	2		

Puzzle 148 Hard

	7				6	2		
3				5			9	
	2		3		4			
	9				5		6	
4			9	1			2	
	8							9
6				7			1	8
						6	4	
		1	6			7		2

Puzzle 149 Hard

2	9		7					6
			6	9		8		
		5	1					
	8					2	5	3
5		3	8					7
						6		
			9		3			
		8	3		1			
			1					9

Puzzle 150 Hard

		3	2		6	7		
	9					2		
7	2	4		9		3		
		7						
			5		9			1
	3	5	7	8	1			2
	5							4
4			9			5		7
2					8			

Puzzle 151 Extreme

6		8	1			4		2
	2		8	6	3	1		
3	1				4	8		9
	9		6		2			
5			7	3			9	
7		2			8			
	4		2				7	1
2		1		9				
	7				6			

Puzzle 152 Extreme

					3	7		9
8		7	1		4			
	2	3		5				8
3		5			2	8		6
		6	5	7		4		
	4					5	2	
7				4				
		2			7	9	6	5
	3			8				

Puzzle 153 Extreme

	8	4				2		
	2	6		3				
			4			1		
2	6			9	7		1	
3						5	7	2
			1		3	6	9	
6			2					
7	1			8			2	
	3	2			5			

Puzzle 154 Extreme

							6	
8		3	9	4		7		
			5			4		2
	7		2		5			
	9							
4		5		9				
				2	8	9		
6	8	4	3			1	2	
		2		5	4			8

Puzzle 155 Extreme

7								
8	5	6			4		9	1
2	3	4			9			
	8	7						4
						7	6	5
5				7		8		
	1			9				8
	2			5		6		
					8			3

Puzzle 156 Extreme

	8		2			7		
			8				1	4
5	1	3	4	6	7	2		
	6		5			8		
			6	7	2		5	1
3		7						
4	3	5			1	6		
1				6				
6	9			5	4	1	8	

Puzzle 157 Extreme

		4	9			2	5	
5				4				3
	3							
		1		7				2
						5	1	
8				9		6	3	
1		2	3		6	7	4	
6	7			8		3	2	9
			2	7	9	1		

Puzzle 158 Extreme

			2					8
7			9			4		
		4			7			
4	6		8			5		9
						6	7	4
	7	5	6	3				
1	5	7	4		9	8	6	
	8	9		6	5	1	4	
6					8		2	

Puzzle 159 Extreme

1	6		3	7	2			8
	7	4		8	9			
	9		6					
7		9		5				4
	3	6			4		7	
		7	6	3	2			5
		7		2	6			3
3	5	2		1			6	9
6		8				1		

Puzzle 160 Extreme

	4	6	2		3	8		
		8	1	7	5	4	9	
		9	4	8	6	3	2	5
2				6			8	
	5	4		2		6		
8		5	6	4	2		3	
4		2			1			
1			8	5		2	6	

Puzzle 161 Extreme

1			6				7	
2				8			5	
			3					6
			5	9	8			
		5		6			9	
6	9		4					
		9						
5	8	6	1		7			4
3	4	2						7

Puzzle 162 Extreme

	3		8			5		
		2					9	8
				7			3	
2						8	5	9
	9		6		3			
7								
3	1		4	8		9		
4					2	1		
8			5	3		7		

Puzzle 163 Extreme

	7	5		6	9		3	
4			3	1		2		7
	3				8		1	
			1	8	2			
				4	3	1		
		4				7		
9		7	8		1	3		
3	8		6	2				9
		6	9				4	

Puzzle 164 Extreme

					2	7		
7		8		1	9		5	
		2	3		5	8	1	
3					1			2
9			2					5
						9		
	7							
	2			8				
1	3		4	5		6		8

85

Puzzle 165 Extreme

		2					1
	3		4	5		6	7
			8		9		
8	5						9
	3	9		2	1		7	8
	4	1		8	6		5
4	9	8		7		5	
	2	8	5			9	
	6		3	1	9	8	4

Puzzle 166 Extreme

8		2			5			
4	5			6		2	8	
	3	9			8			
	2	5	1	7	6		3	4
3	7	6	8					2
			5	2	3		7	
		4		8	7			
2	8	3					6	7
			6		2	3	4	

Puzzle 167 Extreme

	4		2		6		
2		3	6				5
	6	7		5	3	2	4
6		5			9		
2				1		5	6
	8			9			
8		5		6	2		
			4		7		
		2				4	

Puzzle 168 Extreme

8	1	4		5	6			
		7			8	6	4	3
		6			7		5	
7		8		1			3	6
	4				3			
	3				5		1	
		5	9			3	6	4
1		3		6			2	9
		9	7					5

Puzzle 169 Extreme

		7	1		9	2	4	6
6					4	5		3
		9	6	5		1		
5						8		1
1		3				7	2	9
	7		8					4
2								
3	4	8	2					5
7		5		4			1	2

Puzzle 170 Extreme

		3	9			4	1	
								8
2				1			9	
					3	2		
	6		1		8		3	
	1		2	6				5
	9		5		7	1		3
4						7		
7				9	4			

Puzzle 171 Extreme

6		9	8	3			2	
	4						7	
5		3	2		7	6		8
			4	5		7		6
7	6	5		1	9			2
	2	4		6			1	
	8		6	7		2		
4	3						8	7
2				8		3	6	

Puzzle 172 Extreme

	8				9		4	
6					3		5	
	1			8				
				9		5	1	2
						7		
	4	9		2		8	3	6
	2						8	7
7	3	6						
8					7	3		

Puzzle 173 Extreme

8	4		5					7
						8	1	
		1	3		8	2	4	
7	5	4	8		2		3	1
1						4		2
2				4	9			
	8		4					
	1	5	2		7	6		
4		7		8		1		

Puzzle 174 Extreme

		9			4			1
1	6		9			8		
5				6		7		
8				6			9	4
	5	6		4				8
		7	2	8			3	6
6					8	9		
		8	4					7
		5	6	9	3			

Puzzle 175 Extreme

2	9		4		6		8	
6						3		
			8	3	6			
		8		2		1		
	7							
3		2	8					9
1					9			
	4		1	5			2	
		9	2		7		5	

Puzzle 176 Extreme

	3	4	8				9	
5		7	6	2	9			
9	8		4					
		6			4			
4					6		2	5
7	5			3	8			
		5			7	6		2
	6		1	4				9
	7	9		6			5	4

91

Puzzle 177 Extreme

		4					1	2
	2				4			
1		5	2	7			6	
7	2	8	5					3
			1					4
					9			7
4	7	9						1
8					1			
2	6							5

Puzzle 178 Extreme

4	6	3			9	2		8
8			5	4			3	
			8	3		1		
		7		5	8			
		1						
5	4		1					
					5	4	8	
								6
9	3		4		1	7		

Puzzle 179 Extreme

3			2			8		
	8			7	9		5	
4	5		1				9	
	4			1				5
	2							7
	1	3			2		6	8
8		1						3
	3	5		2		4	7	1
		4	5		1			

Puzzle 180 Extreme

	9	5	3			6		
			7		9			
		8	1					
		4			2			
			8		5	7		
9	8	1		3		4	5	2
8							4	7
3							2	
1		7		6	3			8

Puzzle 181 Extreme

1	7		2		4	9		
		4			3			1
2		9		1			4	
		3		4	1	5	6	
	1	7			5	4		
6	4			2			7	
4		2			8	3		7
		1		9	2			4
		8				2	1	

Puzzle 182 Extreme

2				7				
		5				7		6
6				5	3		2	
1	3		6			9		4
	5			3				
					1	3		2
	1	8	9			2		7
	6	3		8			9	
		7				1		

Puzzle 183 Extreme

7		8		3	1		9	5
	6	2		8			3	4
		9				8	2	
	2				7	4	8	9
9			8		2		1	
4	8		5	9	3			6
	9				8			
		3	1					
6		7		2	4		5	

Puzzle 184 Extreme

8	4	9				5	7	
7			9	3			6	
	6			8	4			9
1			4	5	7		3	8
			8	2		1		
5	8			9			4	
2	3			6	9			
		8			3			
9	5	4	1		8		2	

Puzzle 185 Extreme

		8	2					
	3		7			9		
							7	2
						5		
			9	6				3
6			1	3		7		8
8			3	4			1	
	6	2			8			5
4			6					9

Puzzle 186 Extreme

8				6				
		5			1			
4	3	1			7			
	7		2	3			6	
			7		4	9		2
			6	9		3		
6	2	3	4					
5								4
	4	9						

Puzzle 187 Extreme

	7		4	6	3			
	4			7				3
			8					
2	8	6	9			3		
5				8	6	4		
					1	8	6	2
7				9	8		2	5
		8	7	3		9		6
9	6					7	3	

Puzzle 188 Extreme

	1	9	3			6		7
	2		9	4	6	1		
6		4			1	3		2
	7		2		4			
2		5	6					
		8		9	5		7	
	3				2		5	1
	5		4					
1		2		7				

Puzzle 189 Extreme

		2			6		
		9	8				7	1
		8		9		3		
7	2		9				6	
	8			6	2			9
		6	3					2
9	3			2	8	1		
8	1	7	4		9		2	6
				7				

Puzzle 190 Extreme

8			3	1	4	2	7	9
4				8			5	
	1	7		5				
						9		4
5				2			3	
	7	2	4	3	8			
					3	7		
7		5	2		1	3	6	
3					7	1	9	2

Puzzle 191 Extreme

8					3		1	
1			8			7		6
2	9	7	6		4			3
3	6	8	5	7	1			4
	1	5	3			6		8
		9					6	1
6	8	1			5		3	7
7	3		1		8		9	

Puzzle 192 Extreme

4		1			5			7
		5				4		
	8		4	7		5	6	
	3		2		7			5
5			8			3	7	
		8	5	3			9	
	1			6		7	5	3
							2	8
6		7			8			

Puzzle 193 Extreme

5	1			8		9		
	7	8	1					
	9	4			3			
	3				8	5	6	4
8	4	5	3					
		2	5				1	3
7	5			1		4	9	
	8	1			9	3		
4				3		6		1

Puzzle 194 Extreme

8	6	9						
					6		1	9
			8		2			
2		4			7			
		3	9	2			8	
			4	8	1			7
			7		4		6	
		5	2			1		
6		2			9		4	

Puzzle 195 Extreme

			8		9			
8	5	1	4	2	9	7		3
					3		8	
5				1				
3	7	2	6					9
		9				6		
7	4		2	6				
1			3			2		
	2				5	1	3	

Puzzle 196 Extreme

		7						
	6			4	3	7		
4			6	7	5		2	
7		5				2	4	
3			5		2	6	7	
1	2		4			5		
6		4	1			8		
			8	2				
			7	3			1	

Puzzle 197 Extreme

	6		4	9		1		
9		8					3	6
				7	8			5
8			5	3				1
		9				5		8
6				4				3
4	9	5	6					7
				8	4			
3								

Puzzle 198 Extreme

					7			
8	5			4	1			3
1			3	6	5		8	
	1	9	5	7	8			
3	8		1	9	6			
7	6			2	3		1	8
9	3	6						1
			6				7	
	7	1	8	3	4		6	

Puzzle 199 Extreme

6	2		9	4	8	7	1	3
7							8	
		8				2		
1					9			2
			3	6			5	1
9		2		1		4		
5			7					
	7		1	6	2			5
					4		9	

Puzzle 200 Extreme

2	4	5						8
6								2
		9					7	
4	3	7				5		
1	5							
		6	5					
			3		1	8		5
					4	7	1	
	8			7		3	4	

**Please Scan and Open It
For Solutions**

Thank You!!

Made in United States
Troutdale, OR
05/02/2024